U1075748

图书在版编目（CIP）数据

中华人民共和国简明标准施工招标文件：2012年版／《标准文件》编制组编写．—北京：中国计划出版社，2012.4

ISBN 978-7-80242-724-2

Ⅰ.①中…　Ⅱ.①标…　Ⅲ.①建筑工程—工程施工—招标—文件—中国—2012　Ⅳ.①TU723

中国版本图书馆CIP数据核字（2012）第034546号

中华人民共和国

简明标准施工招标文件

（2012年版）

《标准文件》编制组

☆

中国计划出版社出版

（地址：北京市西城区木樨地北里甲11号国宏大厦C座4层）

（邮政编码：100038　电话：63906433　63906381）

新华书店北京发行所发行

三河富华印刷包装有限公司印刷

880×1230毫米　1/16　7.25印张　135千字

2012年4月第1版　2012年4月第1次印刷

印数　1—10100册

☆

ISBN 978-7-80242-724-2

定价：28.00元

中华人民共和国

简明标准施工招标文件

（2012 年版）

《标准文件》编制组

中 国 计 划 出 版 社

2012 北 京

国家发展和改革委员会、工业和信息化部、财政部、住房和城乡建设部、交通运输部、铁道部、水利部、国家广播电影电视总局、中国民用航空局关于印发简明标准施工招标文件和标准设计施工总承包招标文件的通知

发改法规〔2011〕3018号

国务院各部门、各直属机构，各省、自治区、直辖市及计划单列市、副省级省会城市、新疆生产建设兵团发展改革委、工业和信息化主管部门、通信管理局、财政厅（局）、住房城乡建设厅（建委、局）、交通厅（局）、水利厅（局）、广播影视局，各铁路局、各铁路公司（筹备组），民航各地区管理局：

为落实中央关于建立工程建设领域突出问题专项治理长效机制的要求，进一步完善招标文件编制规则，提高招标文件编制质量，促进招标投标活动的公开、公平和公正，国家发展改革委会同工业和信息化部、财政部、住房和城乡建设部、交通运输部、铁道部、水利部、广电总局、中国民用航空局，编制了《简明标准施工招标文件》和《标准设计施工总承包招标文件》（以下如无特别说明，统一简称为《标准文件》）。现将《标准文件》印发你们，并就有关事项通知如下：

一、适用范围

依法必须进行招标的工程建设项目，工期不超过12个月、技术相对简单、且设计和施工不是由同一承包人承担的小型项目，其施工招标文件应当根据《简明标准施工招标文件》编制；设计施工一体化的总承包项目，其招标文件应当根据《标准设计施工总承包招标文件》编制。

工程建设项目，是指工程以及与工程建设有关的货物和服务。工程，是指建设工程，包括建筑物和构筑物的新建、改建、扩建及其相关的装修、拆除、修缮等。与工程建设有关的货物，是指构成工程不可分割的组成部分，且为实现工程基本功能所必需的设备、材料等。与工程建设有关的服务，是指为完成工程所需的勘察、设计、监理等。

二、应当不加修改地引用《标准文件》的内容

《标准文件》中的“投标人须知”（投标人须知前附表和其他附表除外）、“评标办法”（评标办法前附表除外）、“通用合同条款”，应当不加修改地引用。

三、行业主管部门可以作出的补充规定

国务院有关行业主管部门可根据本行业招标特点和管理需要，对《简明标准施工招标文件》中的“专用合同条款”、“工程量清单”、“图纸”、“技术标准和要求”，《标准设计施工总承包招标文件》中的“专用合同条款”、“发包人要求”、“发包人提供的资料和条件”作出具体规定。其中，“专用合同条款”可对“通用合同条款”进行补充、细化，但除“通用合同条款”明确规定可以作出不同约定外，“专用合同条款”补充和细化的内容不得与“通用合同条款”相抵触，否则抵触内容无效。

四、招标人可以补充、细化和修改的内容

“投标人须知前附表”用于进一步明确“投标人须知”正文中的未尽事宜，招标人或者招标代理机构应结合招标项目具体特点和实际需要编制和填写，但不得与“投标人须知”正文内容相抵触，否则抵触内容无效。

“评标办法前附表”用于明确评标的方法、因素、标准和程序。招标人应根据招标项目具体特点和实际需要，详细列明全部审查或评审因素、标准，没有列明的因素和标准不得作为资格审查或者评标的依据。

招标人或者招标代理机构可根据招标项目的具体特点和实际需要，在“专用合同条款”中对《标准文件》中的“通用合同条款”进行补充、细化和修改，但不得违反法律、行政法规的强制性规定，以及平等、自愿、公平和诚实信用原则，否则相关内容无效。

五、实施时间、解释及修改

《标准文件》自2012年5月1日起实施。因出现新情况，需要对《标准文件》不加修改地引用的内容作出解释或修改的，由国家发展改革委会同国务院有关部门作出解释或修改。该解释和修改与《标准文件》具有同等效力。

请各级人民政府有关部门认真组织好《标准文件》的贯彻落实，及时总结经验和发现问题。各地在实施《标准文件》中的经验和问题，向上级主管部门报告；国务院各部门汇总本部门的经验和问题，报国家发展改革委。

特此通知。

附件：一、《中华人民共和国简明标准施工招标文件》(2012年版)

二、《中华人民共和国标准设计施工总承包招标文件》(2012年版)

中华人民共和国国家发展和改革委员会
中华人民共和国工业和信息化部
中华人民共和国财政部
中华人民共和国住房和城乡建设部
中华人民共和国交通运输部
中华人民共和国铁道部
中华人民共和国水利部
国家广播电影电视总局
中国民用航空局

二〇一一年十二月二十日

使 用 说 明

一、《简明标准施工招标文件》适用于工期不超过12个月、技术相对简单、且设计和施工不是由同一承包人承担的小型项目施工招标。

二、《简明标准施工招标文件》用相同序号标示的章、节、条、款、项、目，供招标人和投标人选择使用；以空格标示的由招标人填写的内容，招标人应根据招标项目具体特点和实际需要具体化，确实没有需要填写的，在空格中用“/”标示。

三、招标人按照《简明标准施工招标文件》第一章的格式发布招标公告或发出投标邀请书后，将实际发布的招标公告或实际发出的投标邀请书编入出售的招标文件中，作为投标邀请。其中，招标公告应同时注明发布所在的所有媒介名称。

四、《简明标准施工招标文件》第三章“评标办法”分别规定经评审的最低投标价法和综合评估法两种评标方法，供招标人根据招标项目具体特点和实际需要选择适用。招标人选择适用综合评估法的，各评审因素的评审标准、分值和权重等由招标人自主确定。国务院有关部门对各评审因素的评审标准、分值和权重等有规定的，从其规定。

第三章“评标办法”前附表应列明全部评审因素和评审标准，并在本章前附表标明投标人不满足要求即否决其投标的全部条款。

五、《简明标准施工招标文件》第五章“工程量清单”，由招标人根据工程量清单的国家标准、行业标准，以及招标项目具体特点和实际需要编制，并与“投标人须知”、“通用合同条款”、“专用合同条款”、“技术标准和要求”、“图纸” 相衔接。本章所附表格可根据有关规定作相应的调整和补充。

六、《简明标准施工招标文件》第六章“图纸”，由招标人根据招标项目具体特点和实际需要编制，并与“投标人须知”、“通用合同条款”、“专用合同条款”、“技术标准和要求” 相衔接。

七、《简明标准施工招标文件》第七章“技术标准和要求”由招标人根据招标项目具体特点和实际需要编制。“技术标准和要求”中的各项技术标准应符合国家强制性标准，不得要求或标明某一特定的专利、商标、名称、设计、原产地或生产供应者，不得含有倾向或者排斥潜在投标人的其他内容。如果必须引用某一生产供应者的技术标准才能准确或清楚地说明拟招标项目的技术标准时，则应当在参照后面加上“或相当于”字样。

八、招标人可根据招标项目具体特点和实际需要，参照《标准施工招标文件》、行业标准施工招标文件（如有），对《简明标准施工招标文件》作相应的补充和细化。

九、采用电子招标投标的，招标人应按照国家有关规定，结合项目具体情况，在招标文件中载明相应要求。

十、《简明标准施工招标文件》为2012年版，将根据实际执行过程中出现的问题及时进行修改。各使用单位或个人对《简明标准施工招标文件》的修改意见和建议，可向编制工作小组反映。

联系电话：（010） 68502510

____________（项目名称）施工招标

招　标　文　件

招标人：____________（盖单位章）

_____年_____月_____日

目　　录

第一章　招标公告（适用于公开招标）

________（项目名称）施工招标公告

1. 招标条件

本招标项目________（项目名称）已由________（项目审批、核准或备案机关名称）以________（批文名称及编号）批准建设，项目业主为________，建设资金来自________（资金来源），项目出资比例为________，招标人为________。项目已具备招标条件，现对该项目施工进行公开招标。

2. 项目概况与招标范围

________（说明本次招标项目的建设地点、规模、计划工期、招标范围等）。

3. 投标人资格要求

本次招标要求投标人须具备________资质，并在人员、设备、资金等方面具有相应的施工能力。

4. 招标文件的获取

4.1　凡有意参加投标者，请于____年____月____日至____年____月____日，每日上午____时至____时，下午____时至____时（北京时间，下同），在________________（详细地址）持单位介绍信购买招标文件。

4.2　招标文件每套售价____元，售后不退。图纸资料押金____元，在退还图纸资料时退还（不计利息）。

4.3　邮购招标文件的，需另加手续费（含邮费）____元。招标人在收到单位介绍信和邮购款（含手续费）后____日内寄送。

5. 投标文件的递交

5.1　投标文件递交的截止时间（投标截止时间，下同）为____年____月____日

______时______分，地点为___________________________________。

5.2 逾期送达的或者未送达指定地点的投标文件，招标人不予受理。

6. 发布公告的媒介

本次招标公告同时在____________（发布公告的媒介名称）上发布。

7. 联系方式

招 标 人：____________________	招标代理机构：____________________
地　　址：____________________	地　　址：____________________
邮　　编：____________________	邮　　编：____________________
联 系 人：____________________	联 系 人：____________________
电　　话：____________________	电　　话：____________________
传　　真：____________________	传　　真：____________________
电子邮件：____________________	电子邮件：____________________
网　　址：____________________	网　　址：____________________
开户银行：____________________	开户银行：____________________
账　　号：____________________	账　　号：____________________

______年______月______日

第一章　投标邀请书（适用于邀请招标）

____________（项目名称）施工投标邀请书

____________（被邀请单位名称）：

1. 招标条件

本招标项目____________（项目名称）已由____________（项目审批、核准或备案机关名称）以______________（批文名称及编号）批准建设，项目业主为_________，建设资金来自_________（资金来源），出资比例为_________，招标人为_________。项目已具备招标条件，现邀请你单位参加该项目施工投标。

2. 项目概况与招标范围

____________________________（说明本次招标项目的建设地点、规模、计划工期、招标范围等）。

3. 投标人资格要求

本次招标要求投标人具备_______资质，并在人员、设备、资金等方面具有相应的施工能力。

4. 招标文件的获取

4.1　请于_____年_____月_____日至_____年_____月_____日，每日上午_____时至_____时，下午_____时至_____时（北京时间，下同），在______________（详细地址）持本投标邀请书购买招标文件。

4.2　招标文件每套售价_____元，售后不退。图纸资料押金_____元，在退还图纸资料时退还（不计利息）。

4.3　邮购招标文件的，需另加手续费（含邮费）_____元。招标人在收到邮购款（含手续费）后_____日内寄送。

5. 投标文件的递交

5.1　投标文件递交的截止时间（投标截止时间，下同）为_____年_____月_____日

_____时_____分，地点为_________。

5.2　逾期送达的或者未送达指定地点的投标文件，招标人不予受理。

6. 确认

你单位收到本投标邀请书后，请于________（具体时间）前以传真或快递方式予以确认是否参加投标。

7. 联系方式

招标人	招标代理机构
招 标 人：________________________	招标代理机构：____________________
地　　址：________________________	地　　址：________________________
邮　　编：________________________	邮　　编：________________________
联 系 人：________________________	联 系 人：________________________
电　　话：________________________	电　　话：________________________
传　　真：________________________	传　　真：________________________
电子邮件：________________________	电子邮件：________________________
网　　址：________________________	网　　址：________________________
开户银行：________________________	开户银行：________________________
账　　号：________________________	账　　号：________________________

_____年_____月_____日

附件：确认通知

确 认 通 知

__________（招标人名称）：

我方已于_______年_______月_______日收到你方_______年_______月_______日发出的____________（项目名称）关于__________________的通知，并确认_______（参加/不参加）投标。

特此确认。

被邀请单位名称：__________（盖单位章）

法 定 代 表 人：_____________（签字）

_____年_____月_____日

第二章　投标人须知

投标人须知前附表

条款号	条 款 名 称	编 列 内 容
1.1.2	招标人	名称： 地址： 联系人： 电话：
1.1.3	招标代理机构	名称： 地址： 联系人： 电话：
1.1.4	项目名称	
1.1.5	建设地点	
1.2.1	资金来源及比例	
1.2.2	资金落实情况	
1.3.1	招标范围	
1.3.2	计划工期	计划工期：______日历天 计划开工日期：______年______月______日 计划竣工日期：______年______月______日
1.3.3	质量要求	
1.4.1	投标人资质条件、能力	资质条件： 项目经理（建造师，下同）资格： 财务要求： 业绩要求： 其他要求：
1.9.1	踏勘现场	□不组织 □组织，踏勘时间： 踏勘集中地点：
1.10.1	投标预备会	□不召开 □召开，召开时间： 召开地点：

续表

条款号	条 款 名 称	编 列 内 容
1. 10. 2	投标人提出问题的截止时间	
1. 10. 3	招标人书面澄清的时间	
1. 11	偏离	□不允许 □允许
2. 1	构成招标文件的其他材料	
2. 2. 1	投标人要求澄清招标文件的截止时间	
2. 2. 2	投标截止时间	______年____月____日____时____分
2. 2. 3	投标人确认收到招标文件澄清的时间	
2. 3. 2	投标人确认收到招标文件修改的时间	
3. 1. 1	构成投标文件的其他材料	
3. 2. 3	最高投标限价或其计算方法	
3. 3. 1	投标有效期	
3. 4. 1	投标保证金	□不要求递交投标保证金 □要求递交投标保证金 投标保证金的形式： 投标保证金的金额：
3. 5. 2	近年财务状况的年份要求	______________年
3. 5. 3	近年完成的类似项目的年份要求	______________年
3. 6. 3	签字或盖章要求	
3. 6. 4	投标文件副本份数	___________ 份
3. 6. 5	装订要求	
4. 1. 2	封套上应载明的信息	招标人地址： 招标人名称： ___________（项目名称）投标文件 在____ 年____ 月____ 日____ 时____ 分前不得开启
4. 2. 2	递交投标文件地点	
4. 2. 3	是否退还投标文件	□否 □是
5. 1	开标时间和地点	开标时间：同投标截止时间 开标地点：

续表

条款号	条 款 名 称	编 列 内 容
5.2	开标程序	密封情况检查： 开标顺序：
6.1.1	评标委员会的组建	评标委员会构成：______ 人，其中招标人代表______ 人，专家______人； 评标专家确定方式：
7.1	是否授权评标委员会确定中标人	□是 □否，推荐的中标候选人数：
7.2	中标候选人公示媒介	
7.4.1	履约担保	履约担保的形式： 履约担保的金额：
9	**需要补充的其他内容**	
10	电子招标投标	□否 □是，具体要求：
……	……	

1. 总则

1.1 项目概况

1.1.1 根据《中华人民共和国招标投标法》等有关法律、法规和规章的规定，本招标项目已具备招标条件，现对本项目施工进行招标。

1.1.2 本招标项目招标人：见投标人须知前附表。

1.1.3 本招标项目招标代理机构：见投标人须知前附表。

1.1.4 本招标项目名称：见投标人须知前附表。

1.1.5 本招标项目建设地点：见投标人须知前附表。

1.2 资金来源和落实情况

1.2.1 本招标项目的资金来源及出资比例：见投标人须知前附表。

1.2.2 本招标项目的资金落实情况：见投标人须知前附表。

1.3 招标范围、计划工期、质量要求

1.3.1 本次招标范围：见投标人须知前附表。

1.3.2 本招标项目的计划工期：见投标人须知前附表。

1.3.3 本招标项目的质量要求：见投标人须知前附表。

1.4 投标人资格要求

1.4.1 投标人应具备承担本项目施工的资质条件、能力和信誉。

（1）资质条件：见投标人须知前附表；

（2）项目经理资格：见投标人须知前附表；

（3）财务要求：见投标人须知前附表；

（4）业绩要求：见投标人须知前附表；

（5）其他要求：见投标人须知前附表。

1.4.2 投标人不得存在下列情形之一：

（1）为招标人不具有独立法人资格的附属机构（单位）；

（2）为本招标项目前期准备提供设计或咨询服务的；

（3）为本招标项目的监理人；

（4）为本招标项目的代建人；

（5）为本招标项目提供招标代理服务的；

（6）与本招标项目的监理人或代建人或招标代理机构同为一个法定代表人的；

（7）与本招标项目的监理人或代建人或招标代理机构相互控股或参股的；

（8）与本招标项目的监理人或代建人或招标代理机构相互任职或工作的；

（9）被责令停业的；

（10）被暂停或取消投标资格的；

（11）财产被接管或冻结的；

（12）在最近三年内有骗取中标或严重违约或重大工程质量问题的。

1.4.3　单位负责人为同一人或者存在控股、管理关系的不同单位，不得同时参加本招标项目投标。

1.5　费用承担

投标人准备和参加投标活动发生的费用自理。

1.6　保密

参与招标投标活动的各方应对招标文件和投标文件中的商业和技术等秘密保密，违者应对由此造成的后果承担法律责任。

1.7　语言文字

招标投标文件使用的语言文字为中文。专用术语使用外文的，应附有中文注释。

1.8　计量单位

所有计量均采用中华人民共和国法定计量单位。

1.9　踏勘现场

1.9.1　投标人须知前附表规定组织踏勘现场的，招标人按投标人须知前附表规定的时间、地点组织投标人踏勘项目现场。

1.9.2　投标人踏勘现场发生的费用自理。

1.9.3　除招标人的原因外，投标人自行负责在踏勘现场中所发生的人员伤亡和财产损失。

1.9.4　招标人在踏勘现场中介绍的工程场地和相关的周边环境情况，供投标人在编制投标文件时参考，招标人不对投标人据此作出的判断和决策负责。

1.10　投标预备会

1.10.1　投标人须知前附表规定召开投标预备会的，招标人按投标人须知前附表规定的时间和地点召开投标预备会，澄清投标人提出的问题。

1.10.2　投标人应在投标人须知前附表规定的时间前，以书面形式将提出的问题送达招标人，以便招标人在会议期间澄清。

1.10.3　投标预备会后，招标人在投标人须知前附表规定的时间内，将对投标人所提问题的澄清，以书面形式通知所有购买招标文件的投标人。该澄清内容为招标文件的组成部分。

1.11 偏离

投标人须知前附表允许投标文件偏离招标文件某些要求的，偏离应当符合招标文件规定的偏离范围和幅度。

2. 招标文件

2.1 招标文件的组成

2.1.1 本招标文件包括：

（1）招标公告（或投标邀请书）；

（2）投标人须知；

（3）评标办法；

（4）合同条款及格式；

（5）工程量清单；

（6）图纸；

（7）技术标准和要求；

（8）投标文件格式；

（9）投标人须知前附表规定的其他材料。

2.1.2 根据本章第1.10款、第2.2款和第2.3款对招标文件所作的澄清、修改，构成招标文件的组成部分。

2.2 招标文件的澄清

2.2.1 投标人应仔细阅读和检查招标文件的全部内容。如发现缺页或附件不全，应及时向招标人提出，以便补齐。如有疑问，应在投标人须知前附表规定的时间前以书面形式（包括信函、电报、传真等可以有形地表现所载内容的形式，下同），要求招标人对招标文件予以澄清。

2.2.2 招标文件的澄清将以书面形式发给所有购买招标文件的投标人，但不指明澄清问题的来源。如果澄清发出的时间距投标人须知前附表规定的投标截止时间不足15天，并且澄清内容影响投标文件编制的，将相应延长投标截止时间。

2.2.3 投标人在收到澄清后，应在投标人须知前附表规定的时间内以书面形式通知招标人，确认已收到该澄清。

2.3 招标文件的修改

2.3.1 招标人可以书面形式修改招标文件，并通知所有已购买招标文件的投标人。但如果修改招标文件的时间距投标截止时间不足15天，并且修改内容影响投标文件编制的，将相应延长投标截止时间。

2.3.2 投标人收到修改内容后，应在投标人须知前附表规定的时间内以书面形式通知招标人，确认已收到该修改。

3. 投标文件

3.1 投标文件的组成

投标文件应包括下列内容：

（1）投标函及投标函附录；

（2）法定代表人身份证明或附有法定代表人身份证明的授权委托书；

（3）投标保证金；

（4）已标价工程量清单；

（5）施工组织设计；

（6）项目管理机构；

（7）资格审查资料；

（8）投标人须知前附表规定的其他材料。

3.2 投标报价

3.2.1 投标人应按第五章“工程量清单”的要求填写相应表格。

3.2.2 投标人在投标截止时间前修改投标函中的投标报价总额，应同时修改“已标价工程量清单”中的相应报价，投标报价总额为各分项金额之和。此修改须符合本章第4.3款的有关要求。

3.2.3 招标人设有最高投标限价的，投标人的投标报价不得超过最高投标限价，最高投标限价或其计算方法在投标人须知前附表中载明。

3.3 投标有效期

3.3.1 除投标人须知前附表另有规定外，投标有效期为60天。

3.3.2 在投标有效期内，投标人撤销或修改其投标文件的，应承担招标文件和法律规定的责任。

3.3.3 出现特殊情况需要延长投标有效期的，招标人以书面形式通知所有投标人延长投标有效期。投标人同意延长的，应相应延长其投标保证金的有效期，但不得要求或被允许修改或撤销其投标文件；投标人拒绝延长的，其投标失效，但投标人有权收回其投标保证金。

3.4 投标保证金

3.4.1 投标人须知前附表规定递交投标保证金的，投标人在递交投标文件的同时，应按投标人须知前附表规定的金额、担保形式和第八章“投标文件格式”规定的或者事先经过招标人认可的投标保证金格式递交投标保证金，并作为其投标文件的组成部分。

3.4.2　投标人不按本章第3.4.1项要求提交投标保证金的，评标委员会将否决其投标。

3.4.3　招标人与中标人签订合同后5日内，向未中标的投标人和中标人退还投标保证金及同期银行存款利息。

3.4.4　有下列情形之一的，投标保证金将不予退还：

（1）投标人在规定的投标有效期内撤销或修改其投标文件；

（2）中标人在收到中标通知书后，无正当理由拒签合同协议书或未按招标文件规定提交履约担保。

3.5　资格审查资料

3.5.1　“投标人基本情况表”应附投标人营业执照及其年检合格的证明材料、资质证书副本和安全生产许可证等材料的复印件。

3.5.2　“近年财务状况表”应附经会计师事务所或审计机构审计的财务会计报表，包括资产负债表、现金流量表、利润表和财务情况说明书等复印件，具体年份要求见投标人须知前附表。

3.5.3　“近年完成的类似项目情况表”应附中标通知书和（或）合同协议书、工程接收证书（工程竣工验收证书）复印件，具体年份要求见投标人须知前附表。每张表格只填写一个项目，并标明序号。

3.5.4　“正在施工和新承接的项目情况表”应附中标通知书和（或）合同协议书复印件。每张表格只填写一个项目，并标明序号。

3.6　投标文件的编制

3.6.1　投标文件应按第八章“投标文件格式”进行编写，如有必要，可以增加附页，作为投标文件的组成部分。其中，投标函附录在满足招标文件实质性要求的基础上，可以提出比招标文件要求更有利于招标人的承诺。

3.6.2　投标文件应当对招标文件有关工期、投标有效期、质量要求、技术标准和要求、招标范围等实质性内容作出响应。

3.6.3　投标文件应用不褪色的材料书写或打印，并由投标人的法定代表人或其委托代理人签字或盖单位章。委托代理人签字的，投标文件应附法定代表人签署的授权委托书。投标文件应尽量避免涂改、行间插字或删除。如果出现上述情况，改动之处应加盖单位章或由投标人的法定代表人或其授权的代理人签字确认。签字或盖章的具体要求见投标人须知前附表。

3.6.4　投标文件正本一份，副本份数见投标人须知前附表。正本和副本的封面上应清楚地标记“正本”或“副本”的字样。当副本和正本不一致时，以正本为准。

3.6.5　投标文件的正本与副本应分别装订成册，具体装订要求见投标人须知前附表规定。

4. 投标

4.1 投标文件的密封和标记

4.1.1 投标文件应进行包装、加贴封条，并在封套的封口处加盖投标人单位章。

4.1.2 投标文件封套上应写明的内容见投标人须知前附表。

4.1.3 未按本章第4.1.1项或第4.1.2项要求密封和加写标记的投标文件，招标人应予拒收。

4.2 投标文件的递交

4.2.1 投标人应在本章第2.2.2项规定的投标截止时间前递交投标文件。

4.2.2 投标人递交投标文件的地点：见投标人须知前附表。

4.2.3 除投标人须知前附表另有规定外，投标人所递交的投标文件不予退还。

4.2.4 招标人收到投标文件后，向投标人出具签收凭证。

4.2.5 逾期送达的或者未送达指定地点的投标文件，招标人不予受理。

4.3 投标文件的修改与撤回

4.3.1 在本章第2.2.2项规定的投标截止时间前，投标人可以修改或撤回已递交的投标文件，但应以书面形式通知招标人。

4.3.2 投标人修改或撤回已递交投标文件的书面通知应按照本章第3.6.3项的要求签字或盖章。招标人收到书面通知后，向投标人出具签收凭证。

4.3.3 投标人撤回投标文件的，招标人自收到投标人书面撤回通知之日起5日内退还已收取的投标保证金。

4.3.4 修改的内容为投标文件的组成部分。修改的投标文件应按照本章第3条、第4条规定进行编制、密封、标记和递交，并标明“修改”字样。

5. 开标

5.1 开标时间和地点

招标人在本章第2.2.2项规定的投标截止时间（开标时间）和投标人须知前附表规定的地点公开开标，并邀请所有投标人的法定代表人或其委托代理人准时参加。

5.2 开标程序

主持人按下列程序进行开标：

（1）宣布开标纪律；

（2）公布在投标截止时间前递交投标文件的投标人名称，并点名确认投标人是否派人到场；

（3）宣布开标人、唱标人、记录人、监标人等有关人员姓名；

（4）按照投标人须知前附表规定检查投标文件的密封情况；

（5）按照投标人须知前附表的规定确定并宣布投标文件开标顺序；

（6）设有标底的，公布标底；

（7）按照宣布的开标顺序当众开标，公布投标人名称、投标保证金的递交情况、投标报价、质量目标、工期及其他内容，并记录在案；

（8）规定最高投标限价计算方法的，计算并公布最高投标限价；

（9）投标人代表、招标人代表、监标人、记录人等有关人员在开标记录上签字确认；

（10）开标结束。

5.3　开标异议

投标人对开标有异议的，应当在开标现场提出，招标人当场作出答复，并制作记录。

6. 评标

6.1　评标委员会

6.1.1　评标由招标人依法组建的评标委员会负责。评标委员会由招标人或其委托的招标代理机构熟悉相关业务的代表，以及有关技术、经济等方面的专家组成。评标委员会成员人数以及技术、经济等方面专家的确定方式见投标人须知前附表。

6.1.2　评标委员会成员有下列情形之一的，应当回避：

（1）投标人或投标人主要负责人的近亲属；

（2）项目主管部门或者行政监督部门的人员；

（3）与投标人有经济利益关系；

（4）曾因在招标、评标以及其他与招标投标有关活动中从事违法行为而受过行政处罚或刑事处罚；

（5）与投标人有其他利害关系。

6.2　评标原则

评标活动遵循公平、公正、科学和择优的原则。

6.3　评标

评标委员会按照第三章“评标办法”规定的方法、评审因素、标准和程序对投标文件进行评审。第三章“评标办法”没有规定的方法、评审因素和标准，不作为评标依据。

7. 合同授予

7.1　定标方式

除投标人须知前附表规定评标委员会直接确定中标人外，招标人依据评标委员会推荐的中标候选人确定中标人，评标委员会推荐中标候选人的人数见投标人须知前附表。

7.2 中标候选人公示

招标人在投标人须知前附表规定的媒介公示中标候选人。

7.3 中标通知

在本章第3.3款规定的投标有效期内，招标人以书面形式向中标人发出中标通知书，同时将中标结果通知未中标的投标人。

7.4 履约担保

7.4.1 在签订合同前，中标人应按投标人须知前附表规定的担保形式和招标文件第四章“合同条款及格式”规定的或者事先经过招标人书面认可的履约担保格式向招标人提交履约担保。除投标人须知前附表另有规定外，履约担保金额为中标合同金额的10%。

7.4.2 中标人不能按本章第7.4.1项要求提交履约担保的，视为放弃中标，其投标保证金不予退还，给招标人造成的损失超过投标保证金数额的，中标人还应当对超过部分予以赔偿。

7.5 签订合同

7.5.1 招标人和中标人应当自中标通知书发出之日起30天内，根据招标文件和中标人的投标文件订立书面合同。中标人无正当理由拒签合同的，招标人取消其中标资格，其投标保证金不予退还；给招标人造成的损失超过投标保证金数额的，中标人还应当对超过部分予以赔偿。

7.5.2 发出中标通知书后，招标人无正当理由拒签合同的，招标人向中标人退还投标保证金；给中标人造成损失的，还应当赔偿损失。

8. 纪律和监督

8.1 对招标人的纪律要求

招标人不得泄露招标投标活动中应当保密的情况和资料，不得与投标人串通损害国家利益、社会公共利益或者他人合法权益。

8.2 对投标人的纪律要求

投标人不得相互串通投标或者与招标人串通投标，不得向招标人或者评标委员会成员行贿谋取中标，不得以他人名义投标或者以其他方式弄虚作假骗取中标；投标人不得以任何方式干扰、影响评标工作。

8.3 对评标委员会成员的纪律要求

评标委员会成员不得收受他人的财物或者其他好处，不得向他人透露对投标文件的评审和比较、中标候选人的推荐情况以及评标有关的其他情况。在评标活动中，评标委员会成员应当客观、公正地履行职责，遵守职业道德，不得擅离职守，影响评标程序正常进行，不得使用第三章“评标办法”没有规定的评审因素和标准进行评标。

8.4 对与评标活动有关的工作人员的纪律要求

与评标活动有关的工作人员不得收受他人的财物或者其他好处，不得向他人透露对投标文件的评审和比较、中标候选人的推荐情况以及评标有关的其他情况。在评标活动中，与评标活动有关的工作人员不得擅离职守，影响评标程序正常进行。

8.5 投诉

投标人和其他利害关系人认为本次招标活动违反法律、法规和规章规定的，有权向有关行政监督部门投诉。

9. 需要补充的其他内容

需要补充的其他内容：见投标人须知前附表。

10. 电子招标投标

采用电子招标投标，对投标文件的编制、密封和标记、递交、开标、评标等的具体要求，见投标人须知前附表。

附件一：开标记录表

______（项目名称）开标记录表

开标时间：____年____月____日____时____分

序号	投标人	密封情况	投标保证金	投标报价（元）	质量标准	工期	备注	签名
招标人编制的标底/最高限价								

招标人代表：________ 记录人：________ 监标人：________

____年____月____日

附件二：问题澄清通知

问题澄清通知

编号：

____________（投标人名称）：

______________（项目名称）招标的评标委员会，对你方的投标文件进行了仔细的审查，现需你方对下列问题以书面形式予以澄清：

1.

2.

……

请将上述问题的澄清于______年______月______日______时前递交至______________（详细地址）或传真至________（传真号码）。采用传真方式的，应在______年______月______日______时前将原件递交至______________________（详细地址）。

招标人或招标代理机构：__________（签字或盖章）

______年______月______日

附件三：问题的澄清

问题的澄清

编号：

__________________（项目名称）招标评标委员会：

问题澄清通知（编号：________）已收悉，现澄清如下：

1.

2.

……

投标人：____________________________（盖单位章）

法定代表人或其委托代理人：_____________（签字）

_____年_____月_____日

附件四：中标通知书

中标通知书

__________________（中标人名称）：

你方于________（投标日期）所递交的______________（项目名称）投标文件已被我方接受，被确定为中标人。

中标价：__________________元。

工期：__________日历天。

工程质量：符合______________________标准。

项目经理：__________________（姓名）。

请你方在接到本通知书后的________日内到_______________________（指定地点）与我方签订承包合同，在此之前按招标文件第二章“投标人须知”第7.4款规定向我方提交履约担保。

随附的澄清、说明、补正事项纪要，是本中标通知书的组成部分。

特此通知。

附：澄清、说明、补正事项纪要

招标人：__________________（盖单位章）

法定代表人：__________________（签字）

_____年_____月_____日

附件五：中标结果通知书

中标结果通知书

__________________（未中标人名称）：

我方已接受____________________（中标人名称）于______________________（投标日期）所递交的______________（项目名称）投标文件，确定____________（中标人名称）为中标人。

感谢你单位对我们工作的大力支持！

招标人：__________________（盖单位章）

法定代表人：__________________（签字）

_____年_____月_____日

附件六：确认通知

确 认 通 知

__________（招标人名称）：

你方于_____年_____月_____日发出的__________（项目名称）关于__________的通知，我方已于_____年_____月_____日收到。

特此确认。

投标人：______________________（盖单位章）

_____年_____月_____日

第三章　评标办法（经评审的最低投标价法）

评标办法前附表

条款号		评审因素	评审标准
2.1.1	形式评审标准	投标人名称	与营业执照、资质证书、安全生产许可证一致
2.1.1	形式评审标准	投标函签字盖章	有法定代表人或其委托代理人签字或加盖单位章
2.1.1	形式评审标准	投标文件格式	符合第八章“投标文件格式”的要求
2.1.1	形式评审标准	报价唯一	只能有一个有效报价
2.1.1	形式评审标准	……	……
2.1.2	资格评审标准	营业执照	具备有效的营业执照
2.1.2	资格评审标准	安全生产许可证	具备有效的安全生产许可证
2.1.2	资格评审标准	资质等级	符合第二章“投标人须知”第1.4.1项规定
2.1.2	资格评审标准	项目经理	符合第二章“投标人须知”第1.4.1项规定
2.1.2	资格评审标准	财务要求	符合第二章“投标人须知”第1.4.1项规定
2.1.2	资格评审标准	业绩要求	符合第二章“投标人须知”第1.4.1项规定
2.1.2	资格评审标准	其他要求	符合第二章“投标人须知”第1.4.1项规定
2.1.2	资格评审标准	……	……
2.1.3	响应性评审标准	投标报价	符合第二章“投标人须知”第3.2.3项规定
2.1.3	响应性评审标准	投标内容	符合第二章“投标人须知”第1.3.1项规定
2.1.3	响应性评审标准	工期	符合第二章“投标人须知”第1.3.2项规定
2.1.3	响应性评审标准	工程质量	符合第二章“投标人须知”第1.3.3项规定
2.1.3	响应性评审标准	投标有效期	符合第二章“投标人须知”第3.3.1项规定
2.1.3	响应性评审标准	投标保证金	符合第二章“投标人须知”第3.4.1项规定
2.1.3	响应性评审标准	权利义务	符合第四章“合同条款及格式”规定
2.1.3	响应性评审标准	已标价工程量清单	符合第五章“工程量清单”给出的范围及数量
2.1.3	响应性评审标准	技术标准和要求	符合第七章“技术标准和要求”规定
2.1.3	响应性评审标准	……	……

续表

条款号		评审因素	评审标准
2.1.4	施工组织设计评审标准	质量管理体系与措施	……
		安全管理体系与措施	……
		环境保护管理体系与措施	……
		工程进度计划与措施	……
		资源配备计划	……
		……	……
条款号		量化因素	量化标准
2.2	详细评审标准	单价遗漏	……
		不平衡报价	……
		……	……

1. 评标方法

本次评标采用经评审的最低投标价法。评标委员会对满足招标文件实质要求的投标文件，根据本章第 2. 2 款规定的量化因素及量化标准进行价格折算，按照经评审的投标价由低到高的顺序推荐中标候选人，或根据招标人授权直接确定中标人，但投标报价低于其成本的除外。经评审的投标价相等时，投标报价低的优先；投标报价也相等的，由招标人或其授权的评标委员会自行确定。

2. 评审标准

2.1 初步评审标准

2. 1. 1　形式评审标准：见评标办法前附表。

2. 1. 2　资格评审标准：见评标办法前附表。

2. 1. 3　响应性评审标准：见评标办法前附表。

2. 1. 4　施工组织设计评审标准：见评标办法前附表。

2.2 详细评审标准

详细评审标准：见评标办法前附表。

3. 评标程序

3.1 初步评审

3. 1. 1　评标委员会可以要求投标人提交第二章“投标人须知”第 3. 5. 1 项至第 3. 5. 4 项规定的有关证明和证件的原件，以便核验。评标委员会依据本章第 2. 1 款规定的标准对投标文件进行初步评审。有一项不符合评审标准的，评标委员会应当否决其投标。

3. 1. 2　投标人有以下情形之一的，评标委员会应当否决其投标：

（1）第二章“投标人须知”第 1. 4. 2 项、第 1. 4. 3 项规定的任何一种情形的；

（2）串通投标或弄虚作假或有其他违法行为的；

（3）不按评标委员会要求澄清、说明或补正的。

3. 1. 3　投标报价有算术错误的，评标委员会按以下原则对投标报价进行修正，修正的价格经投标人书面确认后具有约束力。投标人不接受修正价格的，评标委员会应当否决其投标。

（1）投标文件中的大写金额与小写金额不一致的，以大写金额为准；

（2）总价金额与依据单价计算出的结果不一致的，以单价金额为准修正总价，但单价金额小数点有明显错误的除外。

3.2 详细评审

3.2.1 评标委员会按本章第2.2款规定的量化因素和标准进行价格折算，计算出评标价，并编制价格比较一览表。

3.2.2 评标委员会发现投标人的报价明显低于其他投标报价，或者在设有标底时明显低于标底，使得其投标报价可能低于其成本的，应当要求该投标人作出书面说明并提供相应的证明材料。投标人不能合理说明或者不能提供相应证明材料的，评标委员会应当认定该投标人以低于成本报价竞标，否决其投标。

3.3 投标文件的澄清和补正

3.3.1 在评标过程中，评标委员会可以书面形式要求投标人对所提交的投标文件中不明确的内容进行书面澄清或说明，或者对细微偏差进行补正。评标委员会不接受投标人主动提出的澄清、说明或补正。

3.3.2 澄清、说明和补正不得改变投标文件的实质性内容。投标人的书面澄清、说明和补正属于投标文件的组成部分。

3.3.3 评标委员会对投标人提交的澄清、说明或补正有疑问的，可以要求投标人进一步澄清、说明或补正，直至满足评标委员会的要求。

3.4 评标结果

3.4.1 除第二章“投标人须知”前附表授权直接确定中标人外，评标委员会按照经评审的价格由低到高的顺序推荐中标候选人。

3.4.2 评标委员会完成评标后，应当向招标人提交书面评标报告。

第三章　评标办法（综合评估法）

评标办法前附表

条款号		评 审 因 素	评 审 标 准
2.1.1	形式评审标准	投标人名称	与营业执照、资质证书、安全生产许可证一致
		投标函签字盖章	有法定代表人或其委托代理人签字或加盖单位章
		投标文件格式	符合第八章“投标文件格式”的要求
		报价唯一	只能有一个有效报价
		……	……
2.1.2	资格评审标准	营业执照	具备有效的营业执照
		安全生产许可证	具备有效的安全生产许可证
		资质等级	符合第二章“投标人须知”第1.4.1项规定
		项目经理	符合第二章“投标人须知”第1.4.1项规定
		财务要求	符合第二章“投标人须知”第1.4.1项规定
		业绩要求	符合第二章“投标人须知”第1.4.1项规定
		其他要求	符合第二章“投标人须知”第1.4.1项规定
		……	……
2.1.3	响应性评审标准	投标报价	符合第二章“投标人须知”第3.2.3项规定
		投标内容	符合第二章“投标人须知”第1.3.1项规定
		工期	符合第二章“投标人须知”第1.3.2项规定
		工程质量	符合第二章“投标人须知”第1.3.3项规定
		投标有效期	符合第二章“投标人须知”第3.3.1项规定
		投标保证金	符合第二章“投标人须知”第3.4.1项规定
		权利义务	符合第四章“合同条款及格式”规定
		已标价工程量清单	符合第五章“工程量清单”给出的范围及数量
		技术标准和要求	符合第七章“技术标准和要求”规定
		……	……

续表

<table>
<tr><th colspan="2">条款号</th><th>条 款 内 容</th><th>编 列 内 容</th></tr>
<tr><td colspan="2">2.2.1</td><td>分值构成
（总分 100 分）</td><td>施工组织设计：__________分
项目管理机构：__________分
投标报价：__________分
其他评分因素：__________分</td></tr>
<tr><td colspan="2">2.2.2</td><td>评标基准价计算方法</td><td></td></tr>
<tr><td colspan="2">2.2.3</td><td>投标报价的偏差率
计算公式</td><td>偏差率 = 100% ×（投标人报价 - 评标基准价）/评标基准价</td></tr>
<tr><th colspan="2">条款号</th><th>评 分 因 素</th><th>评 分 标 准</th></tr>
<tr><td rowspan="8">2.2.4
（1）</td><td rowspan="8">施工组织设计评分标准</td><td>内容完整性和编制水平</td><td>……</td></tr>
<tr><td>施工方案与技术措施</td><td>……</td></tr>
<tr><td>质量管理体系与措施</td><td>……</td></tr>
<tr><td>安全管理体系与措施</td><td>……</td></tr>
<tr><td>环境保护管理体系与措施</td><td>……</td></tr>
<tr><td>工程进度计划与措施</td><td>……</td></tr>
<tr><td>资源配备计划</td><td>……</td></tr>
<tr><td>……</td><td>……</td></tr>
<tr><td rowspan="3">2.2.4
（2）</td><td rowspan="3">项目管理机构评分标准</td><td>项目经理任职资格
与业绩</td><td>……</td></tr>
<tr><td>其他主要人员</td><td>……</td></tr>
<tr><td>……</td><td>……</td></tr>
<tr><td rowspan="2">2.2.4
（3）</td><td rowspan="2">投标报价评分标准</td><td>偏差率</td><td>……</td></tr>
<tr><td>……</td><td>……</td></tr>
<tr><td>2.2.4
（4）</td><td>其他因素评分标准</td><td>……</td><td>……</td></tr>
</table>

1. 评标方法

本次评标采用综合评估法。评标委员会对满足招标文件实质性要求的投标文件，按照本章第 2. 2 款规定的评分标准进行打分，并按得分由高到低顺序推荐中标候选人，或根据招标人授权直接确定中标人，但投标报价低于其成本的除外。综合评分相等时，以投标报价低的优先；投标报价也相等的，由招标人或其授权的评标委员会自行确定。

2. 评审标准

2. 1 初步评审标准

2. 1. 1 形式评审标准：见评标办法前附表。

2. 1. 2 资格评审标准：见评标办法前附表。

2. 1. 3 响应性评审标准：见评标办法前附表。

2. 2 分值构成与评分标准

2. 2. 1 分值构成

（1）施工组织设计：见评标办法前附表；

（2）项目管理机构：见评标办法前附表；

（3）投标报价：见评标办法前附表；

（4）其他评分因素：见评标办法前附表。

2. 2. 2 评标基准价计算

评标基准价计算方法：见评标办法前附表。

2. 2. 3 投标报价的偏差率计算

投标报价的偏差率计算公式：见评标办法前附表。

2. 2. 4 评分标准

（1）施工组织设计评分标准：见评标办法前附表；

（2）项目管理机构评分标准：见评标办法前附表；

（3）投标报价评分标准：见评标办法前附表；

（4）其他因素评分标准：见评标办法前附表。

3. 评标程序

3. 1 初步评审

3. 1. 1 评标委员会可以要求投标人提交第二章“投标人须知”第 3. 5. 1 项至第 3. 5. 4 项规定的有关证明和证件的原件，以便核验。评标委员会依据本章第 2. 1 款规定的标准对投标文件进行初步评审。有一项不符合评审标准的，评标委员会应当否决其投标。

3.1.2　投标人有以下情形之一的，评标委员会应当否决其投标：

（1）第二章“投标人须知”第1.4.2项、第1.4.3项规定的任何一种情形的；

（2）串通投标或弄虚作假或有其他违法行为的；

（3）不按评标委员会要求澄清、说明或补正的。

3.1.3　投标报价有算术错误的，评标委员会按以下原则对投标报价进行修正，修正的价格经投标人书面确认后具有约束力。投标人不接受修正价格的，评标委员会应当否决其投标。

（1）投标文件中的大写金额与小写金额不一致的，以大写金额为准；

（2）总价金额与依据单价计算出的结果不一致的，以单价金额为准修正总价，但单价金额小数点有明显错误的除外。

3.2　详细评审

3.2.1　评标委员会按本章第2.2款规定的量化因素和分值进行打分，并计算出综合评估得分。

（1）按本章第2.2.4（1）目规定的评审因素和分值对施工组织设计计算出得分A；

（2）按本章第2.2.4（2）目规定的评审因素和分值对项目管理机构计算出得分B；

（3）按本章第2.2.4（3）目规定的评审因素和分值对投标报价计算出得分C；

（4）按本章第2.2.4（4）目规定的评审因素和分值对其他部分计算出得分D。

3.2.2　评分分值计算保留小数点后两位，小数点后第三位“四舍五入”。

3.2.3　投标人得分 = A + B + C + D。

3.2.4　评标委员会发现投标人的报价明显低于其他投标报价，或者在设有标底时明显低于标底，使得其投标报价可能低于其个别成本的，应当要求该投标人作出书面说明并提供相应的证明材料。投标人不能合理说明或者不能提供相应证明材料的，评标委员会应当认定该投标人以低于成本报价竞标，否决其投标。

3.3　投标文件的澄清和补正

3.3.1　在评标过程中，评标委员会可以书面形式要求投标人对所提交投标文件中不明确的内容进行书面澄清或说明，或者对细微偏差进行补正。评标委员会不接受投标人主动提出的澄清、说明或补正。

3.3.2　澄清、说明和补正不得改变投标文件的实质性内容。投标人的书面澄清、说明和补正属于投标文件的组成部分。

3.3.3　评标委员会对投标人提交的澄清、说明或补正有疑问的，可以要求投标人进一步澄清、说明或补正，直至满足评标委员会的要求。

3.4 评标结果

3.4.1 除第二章“投标人须知”前附表授权直接确定中标人外，评标委员会按照得分由高到低的顺序推荐中标候选人。

3.4.2 评标委员会完成评标后，应当向招标人提交书面评标报告。

第四章　合同条款及格式

第一节　通用合同条款

通用合同条款

1. 一般约定

1.1 词语定义

通用合同条款、专用合同条款中的下列词语应具有本款所赋予的含义。

1.1.1 合同

1.1.1.1 合同文件（或称合同）：指合同协议书、中标通知书、投标函及投标函附录、专用合同条款、通用合同条款、技术标准和要求、图纸、已标价工程量清单，以及其他合同文件。

1.1.1.2 合同协议书：指第1.5款所指的合同协议书。

1.1.1.3 中标通知书：指发包人通知承包人中标的函件。中标通知书随附的澄清、说明、补正事项纪要等，是中标通知书的组成部分。

1.1.1.4 投标函：指构成合同文件组成部分的由承包人填写并签署的投标函。

1.1.1.5 投标函附录：指附在投标函后构成合同文件的投标函附录。

1.1.1.6 技术标准和要求：指构成合同文件组成部分的名为技术标准和要求的文件，以及合同双方当事人约定对其所作的修改或补充。

1.1.1.7 图纸：指包含在合同中的工程图纸，以及由发包人按合同约定提供的任何补充和修改的图纸，包括配套的说明。

1.1.1.8 已标价工程量清单：指构成合同文件组成部分的由承包人按照规定的格式和要求填写并标明价格的工程量清单。

1.1.1.9 其他合同文件：指经合同双方当事人确认构成合同文件的其他文件。

1.1.2 合同当事人和人员

1.1.2.1 合同当事人：指发包人和（或）承包人。

1.1.2.2 发包人：指专用合同条款中指明并与承包人在合同协议书中签字的当事人。

1.1.2.3 承包人：指与发包人签订合同协议书的当事人。

1.1.2.4 承包人项目经理：指承包人派驻施工场地的全权负责人。

1.1.2.5 监理人：指在专用合同条款中指明的，受发包人委托对合同履行实施管理的法人或其他组织。属于国家强制监理的，监理人应当具有相应的监理资质。

1.1.2.6 总监理工程师（总监）：指由监理人委派常驻施工场地对合同履行实施管理的全权负责人。

1.1.3 工程和设备

1.1.3.1 工程：指永久工程和（或）临时工程。

1.1.3.2　工程设备：指构成或计划构成永久工程一部分的机电设备、仪器装置、运载工具及其他类似的设备和装置。

1.1.3.3　施工场地（或称工地、现场）：指用于合同工程施工的场所，以及在合同中指定作为施工场地组成部分的其他场所，包括永久占地和临时占地。

1.1.4　日期

1.1.4.1　开工通知：指监理人按第6.2款通知承包人开工的函件。

1.1.4.2　开工日期：指监理人按第6.2款发出的开工通知中写明的开工日期。

1.1.4.3　工期：指承包人在投标函中承诺的完成合同工程所需的期限，包括按第6.3款、第6.4款约定所作的变更。

1.1.4.4　竣工日期：指第1.1.4.3目约定工期届满时的日期。实际竣工日期以工程接收证书中写明的日期为准。

1.1.4.5　缺陷责任期：指履行第12.1款约定的缺陷责任的期限，具体期限由专用合同条款约定。

1.1.4.6　天：除特别指明外，指日历天。合同中按天计算时间的，开始当天不计入，从次日开始计算。期限最后一天的截止时间为当天24：00。

1.1.5　合同价格和费用

1.1.5.1　签约合同价：指签订合同时合同协议书中写明的，包括了暂列金额的合同总金额。

1.1.5.2　合同价格：指承包人按合同约定完成了包括缺陷责任期内的全部承包工作后，发包人应付给承包人的金额，包括在履行合同过程中按合同约定进行的变更和调整。

1.1.5.3　费用：指为履行合同所发生的或将要发生的所有合理开支，包括管理费和应分摊的其他费用，但不包括利润。

1.1.5.4　暂列金额：指已标价工程量清单中所列的暂列金额，用于在签订协议书时尚未确定或不可预见变更的施工及其所需材料、工程设备、服务等的金额，包括以计日工方式支付的金额。

1.1.5.5　计日工：指对零星工作采取的一种计价方式，按合同中的计日工子目及其单价计价付款。

1.1.5.6　质量保证金（或称保留金）：指按第10.4款约定用于保证在缺陷责任期内履行缺陷修复义务的金额。

1.1.6　其他

1.1.6.1　书面形式：指合同文件、信函、电报、传真、电子数据交换和电子邮件等可以有形地表现所载内容的形式。

1.2　语言文字

合同使用的语言文字为中文。专用术语使用外文的，应附有中文注释。

1.3 法律

适用于合同的法律包括中华人民共和国法律、行政法规、部门规章，以及工程所在地的地方法规、自治条例、单行条例和地方政府规章。

1.4 合同文件的优先顺序

组成合同的各项文件应互相解释，互为说明。除专用合同条款另有约定外，解释合同文件的优先顺序如下：

（1）合同协议书；

（2）中标通知书；

（3）投标函及投标函附录；

（4）专用合同条款；

（5）通用合同条款；

（6）技术标准和要求；

（7）图纸；

（8）已标价工程量清单；

（9）其他合同文件。

1.5 合同协议书

承包人按中标通知书规定的时间与发包人签订合同协议书。除法律另有规定或合同另有约定外，发包人和承包人的法定代表人或其委托代理人在合同协议书上签字并盖单位章后，合同生效。

1.6 图纸和承包人文件

1.6.1 发包人提供的图纸

除专用合同条款另有约定外，图纸应在合理的期限内按照合同约定的数量提供给承包人。

1.6.2 承包人提供的文件

按专用合同条款约定由承包人提供的文件，包括部分工程的大样图、加工图等，承包人应按约定的数量和期限报送监理人。监理人应在专用合同条款约定的期限内批复。

1.7 联络

与合同有关的通知、批准、证明、证书、指示、要求、请求、同意、意见、确定和决定等重要文件，均应采用书面形式。

按合同约定应当由监理人审核、批准、确认或者提出修改意见的承包人的要求、请求、申请和报批等，监理人在合同约定的期限内未回复的，视同认可，合同中未明确约定回复期限的，其相应期限均为收到相关文件后 7 天。

2. 发包人义务

2.1 遵守法律

发包人在履行合同过程中应遵守法律，并保证承包人免于承担因发包人违反法律而引起的任何责任。

2.2 发出开工通知

发包人应委托监理人按第6.2款的约定向承包人发出开工通知。

2.3 提供施工场地

发包人应按专用合同条款约定向承包人提供施工场地，以及施工场地内地下管线和地下设施等有关资料，并保证资料的真实、准确、完整。

2.4 协助承包人办理证件和批件

发包人应协助承包人办理法律规定的有关施工证件和批件。

2.5 组织设计交底

发包人应根据合同进度计划，组织设计单位向承包人进行设计交底。

2.6 支付合同价款

发包人应按合同约定向承包人及时支付合同价款。

2.7 组织竣工验收

发包人应按合同约定及时组织竣工验收。

2.8 其他义务

发包人应履行合同约定的其他义务。

3. 监理人

3.1 监理人的职责和权力

3.1.1 监理人受发包人委托，享有合同约定的权力，其所发出的任何指示应视为已得到发包人的批准。监理人在行使某项权力前需要经发包人事先批准而通用合同条款没有指明的，应在专用合同条款中指明。未经发包人批准，监理人无权修改合同。

3.1.2 合同约定应由承包人承担的义务和责任，不因监理人对承包人文件的审查或批准，对工程、材料和工程设备的检查和检验，以及为实施监理作出的指示等职务行为而减轻或解除。

3.2 总监理工程师

发包人应在发出开工通知前将总监理工程师的任命通知承包人。

3.3 监理人员

3.3.1 总监理工程师可以授权其他监理人员负责执行其指派的一项或多项监理工作。总监理工程师应将被授权监理人员的姓名及其授权范围通知承包人。被授权的监理人员在授权范围内发出的指示视为已得到总监理工程师的同意，与总监理工程师发出的指示具有同等效力。总监理工程师撤销某项授权时，应将撤销授权的决定及时通知发包人和承包人。

3.3.2 监理人员对承包人文件、工程或其采用的材料和工程设备未在约定的或合理的期限内提出否定意见的，视为已获批准，但不影响监理人在以后拒绝该项工作、工程、材料或工程设备的权利，监理人的拒绝应当符合法律规定和合同约定。

3.3.3 承包人对总监理工程师授权的监理人员发出的指示有疑问的，可在该指示发出的48小时内向总监理工程师提出书面异议，总监理工程师应在48小时内对该指示予以确认、更改或撤销。

3.3.4 除专用合同条款另有约定外，总监理工程师不应将第3.5款约定应由总监理工程师作出确定的权力授权或委托给其他监理人员。

3.4 监理人的指示

3.4.1 监理人应按第3.1款的约定向承包人发出指示，监理人的指示应盖有监理人授权的施工场地机构章，并由总监理工程师或总监理工程师按第3.3.1项约定授权的监理人员签字。

3.4.2 承包人收到监理人按第3.4.1项作出的指示后应遵照执行。指示构成变更的，应按第9条处理。

3.4.3 在紧急情况下，总监理工程师或被授权的监理人员可以当场签发临时书面指示，承包人应遵照执行。承包人应在收到上述临时书面指示后24小时内，向监理人发出书面确认函。监理人在收到书面确认函后24小时内未予答复的，该书面确认函应被视为监理人的正式指示。

3.4.4 除合同另有约定外，承包人只从总监理工程师或按第3.3.1项被授权的监理人员处取得指示。

3.4.5 由于监理人未能按合同约定发出指示、指示延误或指示错误而导致承包人费用增加和（或）工期延误的，由发包人承担赔偿责任。

3.5 商定或确定

3.5.1 合同约定总监理工程师应按照本款对任何事项进行商定或确定时，总监理工程师应与合同当事人协商，尽量达成一致。不能达成一致的，总监理工程师应认真研究后审慎确定。

3.5.2 总监理工程师应将商定或确定的事项通知合同当事人，并附详细依据。对总监理工程师的确定有异议的，构成争议，按照第17条的约定处理。在争议解决前，双方应暂按总监理工程师的确定执行，按照第17条的约定对总监理工程师的确定作出修改的，按修改后的结果执行。

4. 承包人

4.1 承包人的一般义务

4.1.1 承包人应按合同约定以及监理人根据第3.4款作出的指示，实施、完成全部工程，并修补工程中的任何缺陷。

4.1.2 除合同另有约定外，承包人应提供为按照合同完成工程所需的劳务、材料、施工设备、工程设备和其他物品，以及按合同约定的临时设施等。

4.1.3 承包人应对所有现场作业、所有施工方法和全部工程的完备性、稳定性和安全性负责。

4.1.4 承包人应按照法律规定和合同约定，负责施工场地及其周边环境与生态的保护工作。

4.1.5 工程接收证书颁发前，承包人应负责照管和维护工程。工程接收证书颁发时尚有部分未竣工工程的，承包人还应负责该未竣工工程的照管和维护工作，直至竣工后移交给发包人为止。

4.1.6 承包人应履行合同约定的其他义务。

4.2 履约担保

4.2.1 承包人应保证其履约担保在发包人颁发工程接收证书前一直有效。发包人应在工程接收证书颁发后28天内把履约担保退还给承包人。

4.2.2 如工程延期，承包人有义务继续提供履约担保。由于发包人原因导致延期的，继续提供履约担保所需的费用由发包人承担；由于承包人原因导致延期的，继续提供履约担保所需费用由承包人承担。

4.3 承包人项目经理

承包人应按合同约定指派项目经理，并在约定的期限内到职。承包人项目经理应按合同约定以及监理人按第3.4款作出的指示，负责组织合同工程的实施。承包人为履行合同发出的一切函件均应盖有承包人授权的施工场地管理机构章，并由承包人项目经理或其授权代表签字。

4.4 工程价款应专款专用

发包人按合同约定支付给承包人的各项价款应专用于合同工程。

4.5 不利物质条件

4.5.1 不利物质条件，除专用合同条款另有约定外，是指承包人在施工场地遇到的不可预见的自然物质条件、非自然的物质障碍和污染物，包括地下和水文条件，但不包括气候条件。

4.5.2 承包人遇到不利物质条件时，应采取适应不利物质条件的合理措施继续施工，并及时通知监理人，通知应载明不利物质条件的内容以及承包人认为不可预见的理由。监理人应当及时发出指示，指示构成变更的，按第9条约定执行。监理人没有发出指示的，承包人因采取合理措施而增加的费用和（或）工期延误，由发包人承担。

5. 施工控制网

5.1 发包人应在专用合同条款约定的期限内，通过监理人向承包人提供测量基准点、基准线和水准点及其书面资料。除专用合同条款另有约定外，承包人应根据国家测绘基准、测绘系统和工程测量技术规范，按上述基准点（线）以及合同工程精度要求，测设施工控制网，并在专用合同条款约定的期限内，将施工控制网资料报送监理人审批。

5.2 承包人应负责管理施工控制网点。施工控制网点丢失或损坏的，承包人应及时修复。承包人应承担施工控制网点的管理与修复费用，并在工程竣工后将施工控制网点移交发包人。

6. 工期

6.1 进度计划

承包人应按照专用合同条款约定的时间，向监理人提交进度计划。经监理人审批后的进度计划具有合同约束力，承包人应当严格执行。实际进度与进度计划不符时，监理人应当指示承包人对进度计划进行修订，重新提交给监理人审批。

6.2 工程实施

监理人应在开工日期7天前向承包人发出开工通知。承包人应在第1.1.4.3目约定的期限内完成合同工程。实际竣工日期在接收证书中写明。

6.3 发包人引起的工期延误

在履行合同过程中，由于发包人的下列原因造成工期延误的，承包人有权要求发包人延长工期和（或）增加费用，并支付合理利润。需要修订合同进度计划的，按照第6.1款的约定执行。

（1）增加合同工作内容；

（2）改变合同中任何一项工作的质量要求或其他特性；

（3）发包人迟延提供材料、工程设备或变更交货地点；

（4）因发包人原因导致的暂停施工；

（5）提供图纸延误；

（6）未按合同约定及时支付预付款、进度款；

（7）发包人造成工期延误的其他原因。

6.4 异常恶劣的气候条件

由于出现专用合同条款约定的异常恶劣气候导致工期延误的，承包人有权要求发包人延长工期。

6.5 承包人引起的工期延误

由于承包人原因造成工期延误，承包人应按照专用合同条款中约定的逾期竣工违约金计算方法和最高限额，支付逾期竣工违约金。承包人支付逾期竣工违约金，不免除承包人完成工程及修补缺陷的义务。

7. 工程质量

7.1 工程质量要求

工程质量验收按照合同约定的验收标准执行。

7.2 监理人的质量检查

监理人有权对工程的所有部位及其施工工艺、材料和工程设备进行检查和检验。监理人的检查和检验，不免除承包人按合同约定应负的责任。

7.3 工程隐蔽部位覆盖前的检查

经承包人自检确认的工程隐蔽部位具备覆盖条件后，承包人应通知监理人在约定的期限内检查。监理人应按时到场检查。监理人未到场检查的，除监理人另有指示外，承包人可自行完成覆盖工作。无论监理人是否到场检查，对已覆盖的工程隐蔽部位，监理人可要求承包人对已覆盖的部位进行钻孔探测或重新检验，承包人应遵照执行，并在检验后重新覆盖恢复原状。经检验证明工程质量符合合同要求的，由发包人承担由此增加的费用和（或）工期延误，并支付承包人合理利润；经检验证明工程质量不符合合同要求的，由此增加的费用和（或）工期延误，由承包人承担。

承包人未通知监理人到场检查，私自将工程隐蔽部位覆盖的，监理人有权指示承包人钻孔探测或揭开检查，无论工程隐蔽部位质量是否合格，由此增加的费用和（或）工期延误由承包人承担。

7.4 清除不合格工程

由于承包人的材料、工程设备，或采用施工工艺不符合合同要求造成的任何缺陷，监理人可以随时发出指示，要求承包人立即采取措施进行补救，直至达到合同要求的质量标准，由此增加的费用和（或）工期延误由承包人承担。

8. 试验和检验

8.1 材料、工程设备和工程的试验和检验

8.1.1 承包人应按合同约定进行材料、工程设备和工程的试验和检验，并为监理人对上述材料、工程设备和工程的质量检查提供必要的试验资料和原始记录。按合同约定应由监理人与承包人共同进行试验和检验的，由承包人负责提供必要的试验资料和原始记录。

8.1.2 监理人未按合同约定派员参加试验和检验的，除监理人另有指示外，承包人可自行试验和检验，并应立即将试验和检验结果报送监理人，监理人应签字确认。

8.1.3 监理人对承包人的试验和检验结果有疑问的，或为查清承包人试验和检验成果的可靠性要求承包人重新试验和检验的，可按合同约定由监理人与承包人共同进行。重新试验和检验的结果证明该项材料、工程设备或工程的质量不符合合同要求的，由此增加的费用和（或）工期延误由承包人承担；重新试验和检验结果证明该项材料、工程设备和工程符合合同要求，由发包人承担由此增加的费用和（或）工期延误，并支付承包人合理利润。

8.2 现场材料试验

8.2.1 承包人根据合同约定或监理人指示进行的现场材料试验，应由承包人提供试验场所、试验人员、试验设备器材以及其他必要的试验条件。

8.2.2 监理人在必要时可以使用承包人的试验场所、试验设备器材以及其他试验条件，进行以工程质量检查为目的的复核性材料试验，承包人应予以协助。

9. 变更

9.1 变更权

在履行合同过程中，经发包人同意，监理人可按第9.2款约定的变更程序向承包人作出变更指示，承包人应遵照执行。

9.2 变更程序

承包人应在收到变更指示14天内，向监理人提交变更报价书。监理人应审查，并在收到承包人变更报价书后14天内，与发包人和承包人共同商定此估价。在未达成协议的情况下，监理人应确定该估价。

9.3 变更的估价原则

除专用合同条款另有约定外，因变更引起的价格调整按照本款约定处理：

（1）已标价工程量清单中有适用于变更工作的子目的，采用该子目的单价；

（2）已标价工程量清单中无适用于变更工作的子目，但有类似子目的，可在合理范围内参照类似项目，由监理人按第3.5款商定或确定变更工作的单价；

（3）已标价工程量清单中无适用或类似子目的单价，可按照成本加利润的原则，由监理人按第3.5款商定或确定变更工作的单价。

9.4 暂列金额

暂列金额只能按照监理人的指示使用，并对合同价格进行相应调整。

9.5 计日工

9.5.1 发包人认为有必要时，由监理人通知承包人以计日工方式实施变更的零星工作。其价款按列入已标价工程量清单中的计日工计价子目及其单价进行计算。

9.5.2 采用计日工计价的任何一项变更工作，应从暂列金额中支付，承包人应在该项变更的实施过程中，每天提交以下报表和有关凭证报送监理人审批：

（1）工作名称、内容和数量；

（2）投入该工作所有人员的姓名、工种、级别和耗用工时；

（3）投入该工作的材料类别和数量；

（4）投入该工作的施工设备型号、台数和耗用台时；

（5）监理人要求提交的其他资料和凭证。

9.5.3 计日工由承包人汇总后，按第10.3款的约定列入进度付款申请单，由监理人复核并经发包人同意后列入进度付款。

10. 计量与支付

10.1 计量

除专用合同条款另有约定外，承包人应根据有合同约束力的进度计划，按月分解签约合同价，形成支付分解报告，送监理人批准后成为有合同约束力的支付分解表，按有合同约束力的支付分解表分期计量和支付；支付分解表应随进度计划的修订而调整；除按照第9条约定的变更外，签约合同价所基于的工程量即是用于竣工结算的最终工程量。

10.2 预付款

预付款用于承包人为合同工程施工购置材料、工程设备、施工设备、修建临时设施以及组织施工队伍进场等。预付款的额度、预付办法，以及扣回与还清办法在专用合同条款中约定。预付款必须专用于合同工程。

10.3 工程进度付款

承包人应在第10.1款约定的支付分解表确定的每个付款周期末，按监理人批准的格式和专用合同条款约定的份数，向监理人提交进度付款申请单，并附相应的支持性证明文件。

除专用合同条款另有约定外，进度付款申请单应包括下列内容：

（1）截至本次付款周期末已实施工程的合同价款；

（2）根据第 9 条应增加和扣减的变更金额；

（3）根据第 16 条应增加和扣减的索赔金额；

（4）根据第 10.2 款应支付的预付款和扣减的返还预付款；

（5）根据第 10.4 款应扣减的质量保证金；

（6）根据合同应增加和扣减的其他金额。

监理人应在收到承包人进度付款申请单以及相应的支持性证明文件后的 7 天内完成核查，并向承包人出具经发包人签认的付款证书。发包人应在监理人收到进度付款申请单的 14 天内将进度应付款支付给承包人。涉及政府投资资金的，按照国库集中支付等国家相关规定和专用合同条款的约定执行。

10.4 质量保证金

监理人应从第一个付款周期开始，在发包人的进度付款中，按专用合同条款的约定扣留质量保证金，直至扣留的质量保证金总额达到专用合同条款约定的金额或比例为止。

在专用合同条款约定的缺陷责任期满时，承包人向发包人申请到期应返还承包人剩余的质量保证金金额，发包人应在 14 天内会同承包人按照合同约定的内容核实承包人是否完成缺陷责任，并将无异议的剩余质量保证金返还承包人。

10.5 竣工结算

10.5.1 除专用合同条款另有约定外，竣工结算价格不因物价波动和法律变化而调整。

10.5.2 工程接收证书颁发后，承包人应按专用合同条款约定的份数和期限向监理人提交竣工付款申请单，并提供相关证明材料。监理人应当在收到竣工结算申请单的 7 天内完成核查、准备竣工付款证书并送发包人审核，发包人应在收到后 14 天内提出具体意见或签认竣工付款证书，并在监理人收到竣工结算申请单的 28 天内将应付款支付给承包人。发包人未在约定时间内审核并提出具体意见或者签认竣工付款证书的，视为同意承包人提出的竣工付款金额。

10.5.3 竣工付款涉及政府投资资金的，按照国库集中支付等国家相关规定和专用合同条款的约定执行。

10.6 付款延误

发包人不按期支付的，按专用合同条款的约定支付逾期付款违约金。

11. 竣工验收

11.1 竣工验收的含义

11.1.1 竣工验收是指承包人完成了全部合同工作后，发包人按合同要求进行的验收。

11.1.2　需要进行国家验收的，竣工验收是国家验收的一部分。竣工验收所采用的各项验收和评定标准应符合国家验收标准。发包人和承包人为竣工验收提供的各项竣工验收资料应符合国家验收的要求。

11.2　竣工验收申请报告

当工程具备竣工条件时，承包人即可向监理人报送竣工验收申请报告。

11.3　竣工和验收

监理人审查后认为具备竣工验收条件的，提请发包人进行工程验收。发包人经过验收后同意接收工程的，由监理人向承包人出具经发包人签认的工程接收证书。

除专用合同条款另有约定外，经验收合格工程的实际竣工日期，以提交竣工验收申请报告的日期为准，并在工程接收证书中写明。

11.4　试运行

除专用合同条款另有约定外，承包人应按专用合同条款约定进行工程及工程设备试运行，负责提供试运行所需的人员、器材和必要的条件，并承担全部试运行费用。

11.5　竣工清场

除合同另有约定外，工程接收证书颁发后，承包人应对施工场地进行清理，直至监理人检验合格为止。竣工清场费用由承包人承担。

12. 缺陷责任与保修责任

12.1　缺陷责任

缺陷责任自实际竣工日期起计算。在缺陷责任期内，已交付的工程由于承包人的材料、设备或工艺不符合合同要求所产生的缺陷，修补费用由承包人承担。由于承包人原因造成某项缺陷或损坏使某项工程或工程设备不能按原定目标使用而需要再次检查、检验和修复的，发包人有权要求承包人相应延长缺陷责任期，但缺陷责任期最长不超过2年。

12.2　保修责任

合同当事人根据有关法律规定，在专用合同条款中约定工程质量保修范围、期限和责任。保修期自实际竣工日期起计算。

13. 保险

13.1　保险范围

13.1.1　承包人按照专用合同条款的约定向双方同意的保险人投保建筑工程一切险或安装工程一切险等保险。具体的投保险种、保险范围、保险金额、保险费率、保险期限等有关内容应当在专用合同条款中明确约定。

13.1.2 承包人应依照有关法律规定参加工伤保险和人身意外伤害险，为其履行合同所雇佣的全部人员，缴纳工伤保险费和人身意外伤害险费。

13.1.3 发包人应依照有关法律规定参加工伤保险和人身意外伤害险，为其现场机构雇佣的全部人员，缴纳工伤保险费和人身意外伤害险费，并要求其监理人也进行此类保险。

13.2 未办理保险

13.2.1 由于负有投保义务的一方当事人未按合同约定办理保险，或未能使保险持续有效的，另一方当事人可代为办理，所需费用由对方当事人承担。

13.2.2 由于负有投保义务的一方当事人未按合同约定办理某项保险，导致受益人未能得到保险人的赔偿，原应从该项保险得到的保险金应由负有投保义务的一方当事人支付。

14. 不可抗力

14.1 不可抗力的确认

14.1.1 不可抗力是指承包人和发包人在订立合同时不可预见，在履行合同过程中不可避免发生并不能克服的自然灾害和社会性突发事件，如地震、海啸、瘟疫、水灾、骚乱、暴动、战争和专用合同条款约定的其他情形。

14.1.2 不可抗力发生后，发包人和承包人应及时认真统计所造成的损失，收集不可抗力造成损失的证据。合同双方对是否属于不可抗力或其损失的意见不一致的，由监理人按第3.5款商定或确定。发生争议时，按第17条的约定执行。

14.2 不可抗力的通知

合同一方当事人遇到不可抗力事件，使其履行合同义务受到阻碍时，应立即通知合同另一方当事人和监理人，书面说明不可抗力和受阻碍的详细情况，并提供必要的证明。如不可抗力持续发生，合同一方当事人应及时向合同另一方当事人和监理人提交中间报告，说明不可抗力和履行合同受阻的情况，并于不可抗力事件结束后14天内提交最终报告及有关资料。

14.3 不可抗力后果及其处理

除专用合同条款另有约定外，不可抗力导致的人员伤亡、财产损失、费用增加和（或）工期延误等后果，由合同双方按以下原则承担：

（1）永久工程，包括已运至施工场地的材料和工程设备的损害，以及因工程损害造成的第三者人员伤亡和财产损失由发包人承担；

（2）承包人设备的损坏由承包人承担；

（3）发包人和承包人各自承担其人员伤亡和其他财产损失及其相关费用；

（4）承包人的停工损失由承包人承担，但停工期间应监理人要求照管工程和清理、修复工程的金额由发包人承担；

（5）不能按期竣工的，应合理延长工期，承包人不需支付逾期竣工违约金。发包人要求赶工的，承包人应采取赶工措施，赶工费用由发包人承担。

15. 违约

15.1 承包人违约

15.1.1 如果承包人拒绝或未能遵守监理人的指示，或未能按合同进度计划及时完成合同约定的工作，已造成或预期造成工期延误，或违反合同不顾书面警告，监理人可发出通知，告知承包人违约。

15.1.2 如果承包人在收到监理人通知后 21 天内，没有采取可行的措施纠正违约，发包人可向承包人发出解除合同通知。发包人因继续完成该工程的需要，有权扣留使用承包人在现场的材料、设备和临时设施。但发包人的这一行动不免除承包人应承担的违约责任，也不影响发包人根据合同约定享有的索赔权利。

15.2 发包人违约

15.2.1 如果发包人未能按合同付款，或违反合同不顾书面警告，承包人可发出通知，告知发包人违约。如果发包人在收到该通知后 14 天内未纠正违约，承包人可暂停工作或放慢工作进度。

15.2.2 如果发包人收到承包人通知后 28 内未纠正违约，承包人可向发包人发出解除合同通知。合同解除后，承包人应妥善做好已竣工工程和已购材料、设备的保护和移交工作，按发包人要求将承包人设备和人员撤出施工场地，同时发包人应为承包人的撤出提供必要条件，但承包人的这一行动不免除发包人应承担的违约责任，也不影响承包人根据合同约定享有的索赔权利。

16. 索赔

16.1 承包人索赔的提出

根据合同约定，承包人认为有权得到追加付款和（或）延长工期的，应按以下程序向发包人提出索赔：

（1）承包人应在知道或应当知道索赔事件发生后 14 天内，向监理人递交索赔通知书。索赔通知书应详细说明索赔理由以及要求追加的付款金额和（或）延长的工期，并附必要的记录和证明材料；

（2）索赔事件具有连续影响的，承包人应在索赔事件影响结束后的 14 天内，向监理人递交最终索赔通知书，说明最终要求索赔的追加付款金额和延长的工期，并附必要的记录和证明材料；

（3）承包人未在前述14天内递交索赔通知书的，丧失要求追加付款和（或）延长工期的权利。

16.2 承包人索赔处理程序

（1）监理人收到承包人提交的索赔通知书后，应按第3.5款商定或确定追加的付款和（或）延长的工期，并在收到上述索赔通知书或有关索赔的进一步证明材料后的14天内，将索赔处理结果答复承包人。

（2）承包人接受索赔处理结果的，发包人应在作出索赔处理结果答复后14天内完成赔付。承包人不接受索赔处理结果的，按第17条的约定执行。

16.3 承包人提出索赔的期限

承包人按第10.5款的约定接受了竣工付款证书后，应被认为已无权再提出在合同工程接收证书颁发前所发生的任何索赔。

16.4 发包人索赔的提出

根据合同约定，发包人认为有权扣减付款和（或）延长缺陷责任期的，应按以下程序向承包人提出索赔：

（1）监理人应在知道或应当知道索赔事件发生后14天内，向承包人递交索赔通知书。索赔通知书应详细说明索赔理由以及要求扣减的付款金额和（或）延长的缺陷责任期，并附必要的记录和证明材料；

（2）索赔事件具有连续影响的，监理人应在索赔事件影响结束后的14天内，向承包人递交最终索赔通知书，说明最终要求索赔的扣减付款金额和延长的缺陷责任期，并附必要的记录和证明材料。

16.5 发包人索赔处理程序

（1）承包人收到监理人提交的索赔通知书后，应按第3.5款商定或确定扣减的付款和（或）延长的缺陷责任期，并在收到上述索赔通知书或有关索赔的进一步证明材料后的14天内，将索赔处理结果答复监理人。

（2）监理人接受索赔处理结果的，承包人应在作出索赔处理结果答复后14天内完成赔付。监理人不接受索赔处理结果的，按第17条的约定执行。

17. 争议的解决

17.1 争议的解决方式

发包人和承包人在履行合同中发生争议的，可以友好协商解决或者提请争议评审组评审。合同当事人友好协商解决不成、不愿提请争议评审或者不接受争议评审组意见的，可在专用合同条款中约定下列一种方式解决：

（1）向约定的仲裁委员会申请仲裁；

（2）向有管辖权的人民法院提起诉讼。

17.2 友好解决

在提请争议评审、仲裁或者诉讼前，以及在争议评审、仲裁或诉讼过程中，发包人和承包人均可共同努力友好协商解决争议。

17.3 争议评审

17.3.1 采用争议评审的，发包人和承包人应当在专用合同条款中约定争议评审的程序和规则，并在开工日后的28天内或在争议发生后，协商成立争议评审组。

17.3.2 发包人和承包人接受评审意见的，由监理人根据评审意见拟定执行协议，经争议双方签字后作为合同的补充文件，并遵照执行。

17.3.3 发包人或承包人不接受评审意见，并要求提交仲裁或提起诉讼的，应在收到评审意见后的14天内将仲裁或起诉意向书面通知另一方，并抄送监理人，但在仲裁或诉讼结束前应暂按总监理工程师的确定执行。

第二节　专用合同条款

第三节　合同附件格式

附件一：合同协议书

合同协议书

______（发包人名称，以下简称“发包人”）为实施______________________（项目名称），已接受________（承包人名称，以下简称“承包人”）对该项目的投标。发包人和承包人共同达成如下协议。

1. 本协议书与下列文件一起构成合同文件：

（1）中标通知书；

（2）投标函及投标函附录；

（3）专用合同条款；

（4）通用合同条款；

（5）技术标准和要求；

（6）图纸；

（7）已标价工程量清单；

（8）其他合同文件。

2. 上述文件互相补充和解释，如有不明确或不一致之处，以合同约定次序在先者为准。

3. 签约合同价：人民币（大写）__________（¥________）。

4. 合同形式：________________。

5. 计划开工日期：____年____月______日；

计划竣工日期：____年____月______日；工期：_________________日历天。

6. 承包人项目经理：_________________。

7. 工程质量符合__________________标准。

8. 承包人承诺按合同约定承担工程的施工、竣工交付及缺陷修复。

9. 发包人承诺按合同约定的条件、时间和方式向承包人支付合同价款。

10. 本协议书一式____份，合同双方各执____份。

11. 合同未尽事宜，双方另行签订补充协议。补充协议是合同的组成部分。

发包人：_________________（盖单位章）

法定代表人或其委托代理人：____（签字）

_____年_____月_____日

承包人：__________________（盖单位章）

法定代表人或其委托代理人：______（签字）

_____年_____月_____日

附件二：履约担保格式

履 约 担 保

____________（发包人名称）：

鉴于________________（发包人名称，以下简称“发包人”）接受______（承包人名称，以下简称“承包人”）于____年____月____日参加________（项目名称）的投标。我方愿意就承包人履行与你方订立的合同，向你方提供担保。

1. 担保金额人民币（大写）________________（￥____________）。

2. 担保有效期自发包人与承包人签订的合同生效之日起至发包人签发工程接收证书之日止。

3. 在本担保有效期内，因承包人违反合同约定的义务给你方造成经济损失时，我方在收到你方以书面形式提出的在担保金额内的赔偿要求后，在7天内支付。

4. 发包人和承包人按《通用合同条款》第9条变更合同时，我方承担本担保规定的义务不变。

担 保 人：________________________（盖单位章）

法定代表人或其委托代理人：____________（签字）

地　　址：____________________________________

邮政编码：____________________________________

电　　话：____________________________________

传　　真：____________________________________

_____年_____月_____日

第五章　工程量清单

1. 工程量清单说明

1.1　本工程量清单是根据招标文件中包括的、有合同约束力的图纸以及有关工程量清单的国家标准、行业标准、合同条款中约定的工程量计算规则编制。约定计量规则中没有的子目，其工程量按照有合同约束力的图纸所标示尺寸的理论净量计算。计量采用中华人民共和国法定计量单位。

1.2　本工程量清单应与招标文件中的投标人须知、通用合同条款、专用合同条款、技术标准和要求及图纸等一起阅读和理解。

1.3　本工程量清单仅是投标报价的共同基础，实际工程计量和工程价款的支付应遵循合同条款的约定和第七章“技术标准和要求”的有关规定。

1.4　补充子目工程量计算规则及子目工作内容说明：________________________。

2. 投标报价说明

2.1　工程量清单中的每一子目须填入单价或价格，且只允许有一个报价。

2.2　工程量清单中标价的单价或金额，应包括所需的人工费、材料和施工机具使用费和企业管理费、利润以及一定范围内的风险费用等。

2.3　工程量清单中投标人没有填入单价或价格的子目，其费用视为已分摊在工程量清单中其他相关子目的单价或价格之中。

2.4　暂列金额的数量及拟用子目的说明：

3. 其他说明

4. 工程量清单

4.1 工程量清单表

______________（项目名称）

序号	编码	子目名称	内 容 描 述	单位	数量	单价	合价
本页报价合计：____________________							

4.2 计日工表

4.2.1 劳务

编号	子目名称	单位	暂定数量	单价	合价
劳务小计金额：______________ （计入“计日工汇总表”）					

4.2.2 材料

编号	子目名称	单位	暂定数量	单价	合价
材料小计金额：______________ （计入“计日工汇总表”）					

4.2.3 施工机械

编号	子目名称	单位	暂定数量	单价	合价
施工机械小计金额：______________ （计入“计日工汇总表”）					

4.2.4 计日工汇总表

名称	金额	备注
劳务		
材料		
施工机械		
计日工总计：______________ （计入“投标报价汇总表”）		

4.3 投标报价汇总表

__________（项目名称）

汇总内容	金额	备注
…… …… …… …… …… …… …… …… …… …… …… …… …… …… …… …… 清单小计　A		
暂列金额　E 包含在暂列金额中的计日工　D 规费　G 税金　H 投标报价　P = A + E + G + H		

4.4 工程量清单单价分析表

序号	编码	子目名称	人工费			材料费						机械使用费	其他	管理费	利润	单价
			工日	单价	金额	主材				辅材费	金额					
						主材耗量	单位	单价	主材费							

第六章　图　　纸

1. 图纸目录

序号	图名	图号	版本	出图日期	备注

2. 图纸

第七章　技术标准和要求

第八章　投标文件格式

__________（项目名称）

投 标 文 件

投标人：______________________________（盖单位章）

法定代表人或其委托代理人：________________（签字）

______年______月______日

目　　录

一、投标函及投标函附录

（一）投　标　函

________________（招标人名称）：

1. 我方已仔细研究了________（项目名称）招标文件的全部内容，愿意以人民币（大写）______（¥________）的投标总报价，工期________日历天，按合同约定实施和完成承包工程，修补工程中的任何缺陷，工程质量达到________。

2. 我方承诺在招标文件规定的投标有效期内不修改、撤销投标文件。

3. 随同本投标函提交投标保证金一份，金额为人民币（大写）______（¥_____）。

4. 如我方中标：

（1）我方承诺在收到中标通知书后，在中标通知书规定的期限内与你方签订合同。

（2）随同本投标函递交的投标函附录属于合同文件的组成部分。

（3）我方承诺按照招标文件规定向你方递交履约担保。

（4）我方承诺在合同约定的期限内完成并移交全部合同工程。

5. 我方在此声明，所递交的投标文件及有关资料内容完整、真实和准确，且不存在第二章“投标人须知”第1.4.2项和第1.4.3项规定的任何一种情形。

6. ________________________（其他补充说明）。

投 标 人：________________（盖单位章）

法定代表人或其委托代理人：________（签字）

地　　址：________________________

邮政编码：________________________

网　　址：________________________

电　　话：________________________

传　　真：________________________

____年____月____日

（二）投标函附录

序号	条款名称	合同条款号	约定内容	备注
1	项目经理	1.1.2.4	姓名：____________	
2	工期	1.1.4.3	天数：______日历天	
3	缺陷责任期	1.1.4.5	……	
……	……	……	……	
……	……	……	……	
……	……	……	……	
……	……	……	……	
……	……	……	……	

二、法定代表人身份证明

投标人名称：____________________________

单位性质：______________________________

地址：__________________________________

成立时间：________年______月______日

经营期限：________________________

姓名：______________ 性 别：______________ 年 龄：______________ 职 务：______________

系____________________________（投标人名称）的法定代表人。

特此证明。

投标人：______________（盖单位章）

________年________月________日

二、授权委托书

本人______（姓名）系________（投标人名称）的法定代表人，现委托________（姓名）为我方代理人。代理人根据授权，以我方名义签署、澄清、说明、补正、递交、撤回、修改__________（项目名称）投标文件、签订合同和处理有关事宜，其法律后果由我方承担。

委托期限：____________。

代理人无转委托权。

附：法定代表人身份证明

投　标　人：____________________（盖单位章）

法定代表人：________________________（签字）

身份证号码：________________________________

委托代理人：________________________（签字）

身份证号码：________________________________

_____年_____月_____日

三、投标保证金

__________（招标人名称）：

鉴于______（投标人名称）（以下简称“投标人”）于____年____月____日参加______
_（项目名称）的投标，________（担保人名称，以下简称“我方”）保证：投标人在规定的投标文件有效期内撤销或修改其投标文件的，或者投标人在收到中标通知书后无正当理由拒签合同或拒交规定履约担保的，我方承担保证责任。收到你方书面通知后，在7日内向你方支付人民币（大写）________。

本保函在投标有效期内保持有效。要求我方承担保证责任的通知应在投标有效期内送达我方。

担保人名称：____________________（盖单位章）

法定代表人或其委托代理人：__________（签字）

地　　址：________________________________

邮政编码：________________________________

电　　话：________________________________

传　　真：________________________________

_____年_____月_____日

四、已标价工程量清单

五、施工组织设计

1. 投标人编制施工组织设计的要求：编制时应简明扼要地说明施工方法，工程质量、安全生产、文明施工、环境保护、冬雨季施工、工程进度、技术组织等主要措施。用图表形式阐明本项目的施工总平面、进度计划以及拟投入主要施工设备、劳动力、项目管理机构等。

2. 图表及格式要求：

附表一　拟投入的主要施工设备表

附表二　劳动力计划表

附表三　进度计划

附表四　施工总平面图

附表一：拟投入本项目的主要施工设备表

序号	设备名称	型号规格	数量	国别产地	制造年份	额定功率（kW）	生产能力	用于施工部位	备注

附表二：劳动力计划表

单位：人

工种	按工程施工阶段投入劳动力情况						

附表三：进度计划

1. 投标人应递交施工进度网络图或施工进度表，说明按招标文件要求的计划工期进行施工的各个关键日期。

2. 施工进度表可采用网络图或横道图表示。

附表四：施工总平面图

投标人应递交一份施工总平面图，绘出现场临时设施布置图表，并注明临时设施、加工车间、现场办公、设备及仓储、供电、供水、卫生、生活、道路、消防等设施的情况和布置。

六、项目管理机构

（一）项目管理机构组成表

职务	姓名	职称	执业或职业资格证明					备注
			证书名称	级别	证号	专业	养老保险	

（二）项目经理简历表

应附注册建造师执业资格证书、身份证、职称证、学历证、养老保险复印件，管理过的项目业绩须附合同协议书复印件。

姓名		年龄		学历	
职称		职务		拟在本合同任职	
毕业学校	年毕业于		学校	专业	
主要工作经历					

时　　间	参加过的类似项目	担任职务	发包人及联系电话

七、资格审查资料

（一）投标人基本情况表

<table>
<tr><td>投标人名称</td><td colspan="9"></td></tr>
<tr><td>注册地址</td><td colspan="5"></td><td>邮政编码</td><td colspan="3"></td></tr>
<tr><td rowspan="2">联系方式</td><td>联系人</td><td colspan="4"></td><td>电话</td><td colspan="3"></td></tr>
<tr><td>传真</td><td colspan="4"></td><td>网址</td><td colspan="3"></td></tr>
<tr><td>组织结构</td><td colspan="9"></td></tr>
<tr><td>法定代表人</td><td>姓名</td><td></td><td colspan="2">技术职称</td><td colspan="3"></td><td>电话</td><td></td></tr>
<tr><td>技术负责人</td><td>姓名</td><td></td><td colspan="2">技术职称</td><td colspan="3"></td><td>电话</td><td></td></tr>
<tr><td>成立时间</td><td colspan="2"></td><td colspan="7">员工总人数：</td></tr>
<tr><td>企业资质等级</td><td colspan="2"></td><td rowspan="5">其中</td><td colspan="3">项目经理</td><td colspan="3"></td></tr>
<tr><td>营业执照号</td><td colspan="2"></td><td colspan="3">高级职称人员</td><td colspan="3"></td></tr>
<tr><td>注册资金</td><td colspan="2"></td><td colspan="3">中级职称人员</td><td colspan="3"></td></tr>
<tr><td>开户银行</td><td colspan="2"></td><td colspan="3">初级职称人员</td><td colspan="3"></td></tr>
<tr><td>账号</td><td colspan="2"></td><td colspan="3">技工</td><td colspan="3"></td></tr>
<tr><td>经营范围</td><td colspan="9"></td></tr>
<tr><td>备注</td><td colspan="9"></td></tr>
</table>

（二）近年财务状况表

（三）近年完成的类似项目情况表

项目名称	
项目所在地	
发包人名称	
发包人地址	
发包人电话	
合同价格	
开工日期	
竣工日期	
承担的工作	
工程质量	
项目经理	
技术负责人	
项目描述	
备注	

（四）正在实施的和新承接的项目情况表

项目名称	
项目所在地	
发包人名称	
发包人地址	
发包人电话	
签约合同价	
开工日期	
计划竣工日期	
承担的工作	
工程质量	
项目经理	
技术负责人	
项目描述	
备注	

（五）其他资格审查资料

《标准文件》
编制人员名单

《标准文件》编制领导小组组长：

杜　鹰

《标准文件》编制领导小组成员：

任　珑　张治峰　刘贤利　祝　军　张学文
吴慧娟　刘晓艳　李　华　成　平　李天碧
苏全利　孙继昌　孙献忠　于保安　覃章高

《标准文件》编制工作小组成员（以姓氏笔画为序）：

王松波　王　玮　王海臣　田家珍　孙永红
孙杰民　张作智　李传光　李茂年　李　峰
杨小华　杨屹东　沈美丽　陈大纪　陈　波
赵东晓　夏喜全　徐永田　徐致远　贾朝杰
高　天　戚　波　梁晓云　韩　新　谭　华

《标准文件》编制专家（以姓氏笔画为序）：

马春生　冯志祥　石国虎　刘洪波　毕江燕
何建新　张振江　杨　育　邱　闯　闵冬丽
周传琦　唐　涛　袁　静　黄　瑞　谭敬慧

《标准文件》咨询专家（以姓氏笔画为序）：

于彦博　孔凡富　王海青　王淑波　王淑雨
朱　勇　米　凯　张海枫　李　凤　李　震
汪　洋　陈纪伦　周显峰　岳小川　明　刚
赵　杭　赵珊珊　徐　超　解　菲